揭开转基因的面纱——

公众聚焦30问

徐俊锋 杨 蕾 主编

U0257629

中国农业出版社
北京

内 容 简 介

　　本书选取了公众高度关注的热点问题，涵盖转基因方面的小常识，转基因食品安全问题，以及对部分转基因谣言进行澄清。人吃了转基因食品后会不会基因突变？转基因食品会影响下一代的生育能力吗？美国人吃转基因吗……作者以浅显易懂的解答配上直观活泼的插画为读者揭开了转基因的神秘面纱。希望本书能帮助读者解疑释惑，科学、理性地去重新审视转基因技术。

编者名单

主　　编　徐俊锋　杨　蕾

参　　编　陈笑芸　汪小福　徐晓丽　彭　城
　　　　　魏　巍　缪青梅　来勇敏　余志丹
　　　　　詹　艳　孙宗修　李飞武　谢家建
　　　　　金芜军

插　　图　赵器宇

前言 Foreword

　　转基因技术在20世纪的科技史上可以说扮演着举足轻重的角色，目前在医药、工业、农业、环保、能源甚至军事等领域都得到了广泛的应用。可以说从各类重组疫苗、抗生素、用于啤酒和面包发酵的酵母，到生物降解的细菌，再到人类穿的衣服，转基因技术渗透到我们生活和生产的方方面面。而将转基因技术运用到生物育种产业中，获得抗病、抗逆、高产、提高营养品质的新品种，对提高农业生产水平、满足人类消费需求具有极其重要的作用。

　　虽然转基因技术从诞生之日起就处于争论之中，但全球转基因研发、商业化进程并未因此停滞。1996—2017年，种植转基因作物的国家由6个发展到24个，面积由170万公顷到现在的1.89亿公顷。美国在转基因商业化进程中抓住机遇、抢占市场先机，是转基因产业的引领者。巴西、阿根廷后来居上，引进转基因技术后，大豆种植量增长迅速，出口数量已接近美国。中国1997年开始转基因棉花商业化，现种植面积达278万公顷，累计收益达1 300亿元。但同时，我们需要看到的是中国的转基因产业化进程停滞不前，20年来只有转基因棉花、番木瓜实现了商业化。若中国对农业转基因产业犹豫不决，不加快批准其他转基因作物的产业化，可能就会在此次转基因浪潮中受制于人，失去主动权。

　　中国人多地少，水资源短缺，病虫害及极端天气常有发生，农药化肥的过度使用，对大豆的进口需求也是连年提高，这些情况都在提醒着我们需要进行科技创新、技术改革，以保障14亿人口的粮食安全问题，增强农业国际竞争力。近10年，中央1号文件也多次强调转基因技术，鼓励转基因研究。推进转基因技术研究，探索商业化道路，抢占前沿技术制高点，是确保国际粮食安全的重要途径。运用转基因技术培育高产多抗品种，对缓解资源紧张、保护生态环境具有战略意义，也是科学技术发展的必然结果。

转基因技术给全球带来巨大的经济效益和社会效益，但伴随而来的就是对转基因技术安全性的争论。公众谈"转"色变，对农业基因修饰产品潜在的健康和生态风险感到担忧。事实上，有较充分的科学证据表明，转基因并不是洪水猛兽，其安全性是有保障的。从某种角度来说，转基因技术是传统育种技术的发展和延续。与传统育种技术相比，转基因技术只是更加高效、更加精准，并且可以横向选择其他物种的优良基因。2016年，108位诺贝尔奖得主联名发表公开信，力挺转基因技术并要求绿色和平组织停止对转基因的反对，说明转基因的安全性在主流科学界是有共识的。

现阶段，转基因的安全性问题一直是公众关注的焦点，而网络上关于转基因技术的诸多负面评论乃至谣言，也引发公众的担忧。而引起忧虑最根本的原因在于，转基因科普的相关工作比较薄弱，公众对这项技术知之甚少，所以很容易受负面评论影响，对转基因技术产生先入为主的负面印象。

本书选取了公众高度关注的热点问题进行解答，希望能帮助读者解疑释惑，科学、理性地重新审视转基因技术。

编　者
2019年1月

目录 Contents

第一部分
基础知识

1. 什么是基因?

答： 基因是核酸中储存遗传信息的遗传单位，是生命的密码。基因可以编码蛋白质，决定蛋白质的大小和结构，所以也决定了蛋白的功能作用。不同的基因编码不同的蛋白。数以万计的基因和蛋白组合在一起，让地球上拥有千姿百态的动物、植物和微生物。

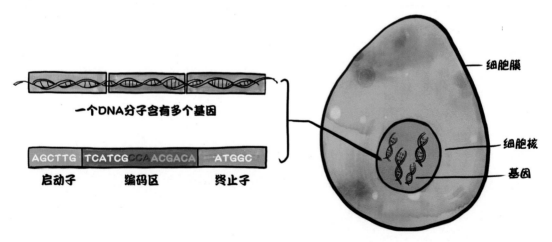

一个DNA分子含有多个基因

AGCTTG	TCATCG CCA ACGACA	ATGGC
启动子	编码区	终止子

细胞膜

细胞核

基因

虽然这些动物、植物和微生物形态各异，但是，它们中的大部分都是由DNA（脱氧核糖核酸）分子编码的，A、T、C、G四种核苷酸碱基形成了地球上绝大多数的生物。许多生物甚至拥有相同的基因。人类和黑猩猩的亲缘关系极近，大约96％的遗传密码相同。实际上，果蝇与人类也有一半的基因是相同的。

2. 什么是转基因技术？

答：转基因技术是利用现代生物技术，将人们期望的目标基因，经过人工分离、重组后，导入并整合到生物体的基因组中，从而改善生物原有的性状或赋予其新的优良性状。除了转入新的外源基因外，还可以通过转基因技术对生物

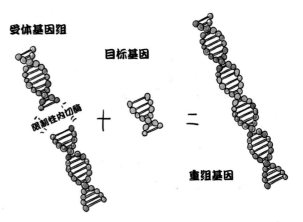

受体基因组

目标基因

限制性内切酶

重组基因

体基因进行加工、敲除、屏蔽等以改变生物体的遗传特性，获得人们希望得到的性状。常用的基因转化方法有花粉管通道法、农杆菌介导转化法、基因枪介导转化法、细胞融合法等。

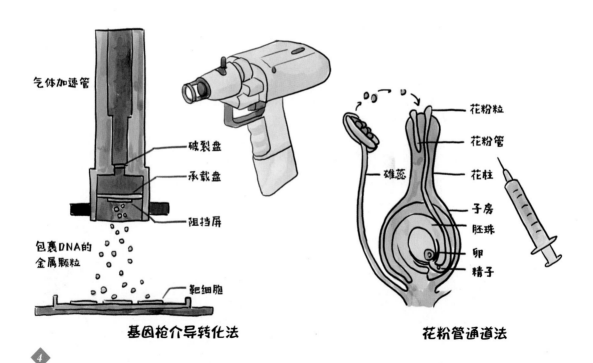

气体加速管

破裂盘

承载盘

阻挡屏

包裹DNA的
金属颗粒

靶细胞

基因枪介导转化法

花粉粒

花粉管

花柱

雄蕊

子房

胚珠

卵

精子

花粉管通道法

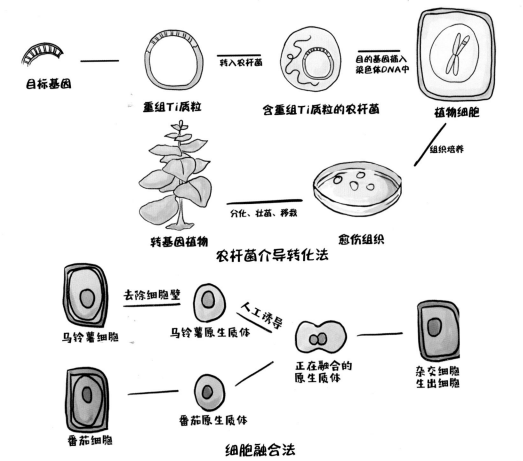

目标基因

重组Ti质粒

转入农杆菌

含重组Ti质粒的农杆菌

目的基因插入
染色体DNA中

植物细胞

组织培养

转基因植物

分化、壮苗、移栽

愈伤组织

农杆菌介导转化法

马铃薯细胞

去除细胞壁

马铃薯原生质体

人工诱导

番茄细胞

番茄原生质体

正在融合的
原生质体

杂交细胞
生出细胞

细胞融合法

3. 转基因技术与传统育种技术有何异同？

答： 共同之处：均通过基因的改变获得优良性状。

不同点： 第一，传统技术一般只能在生物种内个体上实现基因转移，而转基因技术不受生物体间亲缘关系的限制，可打破不同物种间天然杂交的屏障；第二，传统技术一般是在生物个体水平上进行，操作对象是整个基因组，不可能准确地对某个基因进行操作和选择，选育周期长，工作量大，而转基因技术目标明确、可控性更强，后代表现可以预期。

aaBB
大穗黄籽粒

紫色牵牛花

aaBB+CC
大穗紫籽粒

CC基因
转基因技术

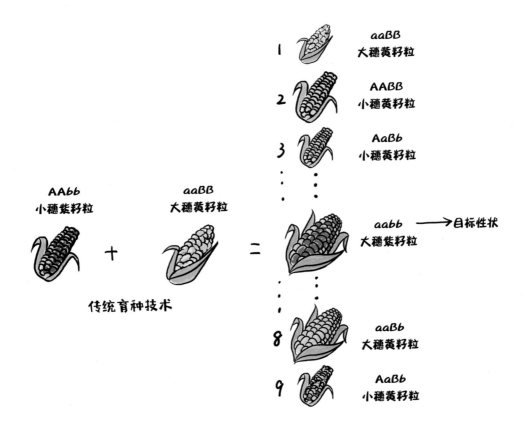

1　aaBB 大穗黄籽粒

2　AABB 小穗黄籽粒

3　AaBb 小穗黄籽粒

AAbb 小穗紫籽粒 ＋ aaBB 大穗黄籽粒 ＝ aabb 大穗紫籽粒 ⟶ 目标性状

传统育种技术

8　aaBb 大穗黄籽粒

9　AaBb 小穗黄籽粒

4. 转基因食品里都转了哪些基因？

答： 抗虫基因和耐除草剂基因是目前在转基因植物中应用最广泛的两大类基因。抗虫基因多为苏云金芽孢杆菌表达产物Bt蛋白，主要可抗鳞翅目昆虫、部分可抗鞘翅目昆虫。耐除草剂基因可提高作物对草甘膦和草丁膦类除草剂的抗性。

另外还有一些其他性状的转基因植物。如抗环斑病毒的转基因番木瓜，把环斑病毒外壳蛋白基因转入番木瓜中来抗环斑病毒；转植酸酶玉米可使玉米内植酸分解为无机磷，动物几乎不能消化植酸，但无机磷满足了动物生长对磷元素的需求，又减少了动物排泄物中的磷对环境的污染；耐储存的番茄和增加保质期的鲜花，主要是删除了植物体内与乙烯合成相关基因，延长了保质期和鲜花寿命；抗旱耐盐的大豆和甘蔗，是将抗逆性基因转入植株中，提高植物在逆境中的适应能力。

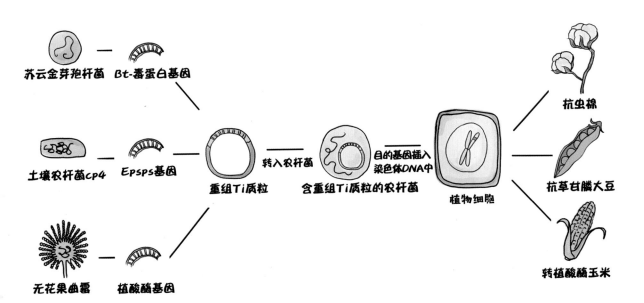

苏云金芽孢杆菌　Bt-毒蛋白基因

土壤农杆菌cp4　Epsps基因

无花果曲霉　植酸酶基因

重组Ti质粒

转入农杆菌

含重组Ti质粒的农杆菌

目的基因插入染色体DNA中

植物细胞

抗虫棉

抗草甘膦大豆

转植酸酶玉米

第二部分
转基因
食品安全

5. 转基因育种违背自然规律了吗？

答：“物竞天择，适者生存”，生物通过遗传、变异在生存斗争和自然选择中由简单到复杂、由低等到高等，不断发展变化。种属内外甚至不同物种间基因通过水平转移，不断打破原有的种群隔离，是生物进化的重要原因。生命起源与生物进化研究表明，自然界打破生殖隔离、进行物种间基因转移的现象古已有之，现在仍悄悄发生，只不过非专业人员很难了解而已。如目前得到广

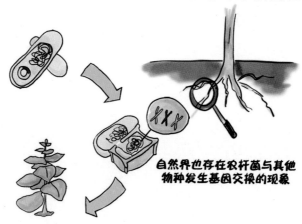

自然界也存在农杆菌与其他
物种发生基因交换的现象

玉米的前世今生

7 000多年前	现代

玉蜀黍（原始玉米）
长19毫米，仅5~10颗坚硬籽粒

现代玉米
长190毫米，籽粒多，味甜，爽口多汁

 仅有8个已知品种

 200个品种

仅发现于中美洲

在69个国家种植

传统作物早已不是野生种的模样，而是长期人为驯化，
基因交流转移的新品种新物种

泛运用的转基因经典方法——农杆菌介导转化法，就是我们向自然界学习的结果。因为在自然条件下，农杆菌就可以把自己的基因转移到植物中，并得到表达。

当今，我们种植的绝大部分作物早已不是自然进化产生的野生种，而是经过千百年人工改造，不断打破生物间生殖隔离、转移基因所创造的新品种和新物种，是人为驯化的结果。转基因技术是人类最新的育种驯化技术，不仅能实现种内基因转移，而且能实现物种间的基因转移，是一种更准确、更高效、更有针对性的定向育种技术。

6. 转基因食品有没有致敏性？

答： 获得安全证书，批准商业化的转基因食品没有致敏性。食物过敏是食品安全中的重要问题。转基因食品中引入了新基因，有引发过敏的风险，所以所有转基因食品入市前，都需要经过严格的安全性评价，其中包括致敏性评价。若判定为有致敏可能，该食品就会被取消研发和上市的资格。曾经有转巴西坚果2S清蛋白的大豆，由于致敏评价时发现了致敏蛋白就停止了该项产品的研发。

7. 人吃了转基因食品后会发生基因突变吗？

答： 不会。转基因食品是将某些生物的优秀基因导入整合到其他生物中，来获得人类期望的性状。地球上的绝大多数生物，都是由成千上万的基因以及基因编码的蛋白组成的。几千年来，人们吃的所有的动植物，每一种都包含了数以万计的基因，但是人们从来也没有担心吃的动物、植物和微生物基因会改变人们自身的基因或遗传给下一代。绝大多数生物的基因归根到底都是由4种核苷酸碱基ATCG排列组合形成的，所有基因可在人们消化系统中经核酸酶、核苷酸酶等催化代谢，生成可被人体吸收利用的物质。转基因植物只是将某些生物的一个或多个基因转移到其他物种中，所以基因在人体中的消化代谢过程与普通食品没有差异。

并且，我们需要知道的是，DNA非常容易降解。食物在加热烹调、高温高压条件下，DNA会降解为零碎的小片段，不能携带任何完整的遗传信息。虽然，不排除极其少量的DNA可能进入机体循环系统，但机体严密的防御系统会灵敏地识别和捕获这些外来DNA并清除。另外，基因转移是需要非常严苛的条件的，自然条件下很难发生完整序列的转移。

8. 长期吃转基因食品会不会有问题?

答： 关于长期食用转基因食品的安全性问题，在实验过程中，借鉴了现行的化学、食品、农药、医药的验证系统，采取大大超过常规食用剂量的超常量实验，可以评价长期食用的安全性问题。

从科学机理上看，转基因食品与非转基因食品的区别就是转基因表达的目标物质通常是蛋白质。只要转基因表达的蛋白质不是致敏物和毒素，它在人体内就没有受体蛋白。它与食物中的蛋白质没有本质的差别，都可以被人体消化、吸收和利用。因此，不会在人身体里累积，也不会因为长期食用而出现问题。蛋白质吃进去就消化掉了，不会长期保存在身体里。这与重金属污染是不一样的。重金属不能代谢掉，会逐渐累积，所以才会导致短期吃可能没问题，但长期吃可能会有问题的情况。

人类食用植物源和动物源的食品已有上万年的历史，这些天然食品中同样含有各种基因，而大多数转基因生物中的基因也是从自然界已有的这些天然食品中获得的。从科学发展的角度来看，转基因食品跟其他常规食品所含有的各种基因不存在差异，都一样被人体消化吸收，因此食用转基因食品是不可能改变人的遗传特性的。

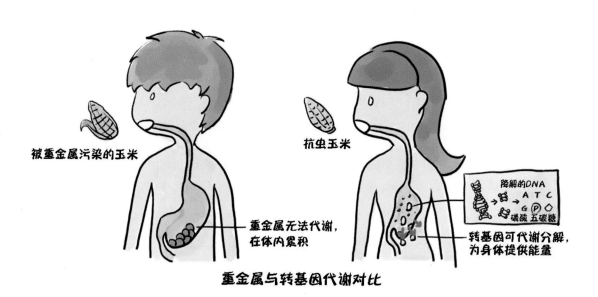

重金属与转基因代谢对比

9. 转基因食品是否有存在至今还未检测出的危害？

答： 第一，任何食品都不是绝对安全的，都可能具有风险，包括常规食品和转基因食品。例如有些人会对某些传统食品，如牛奶、鸡蛋等过敏，严重时可能致命。作为主食的谷物中也含有天然毒素和影响消化吸收的抗营养因子，如水稻、小麦中含有的植酸等，须加热处理才能减少其对人体健康的影响。所以，传统食品的安全性是相对的。

第二，与传统食品相比，转基因食品的安全评价是最透彻最严格的。国际食品法典委员会（CAC）制定国际食品安全标准，大多数国家都有专门机构负责转基因食品安全评价。评价原则包括科学原则、比较分析原则、个案分析原则等。这就意味着转基因食品需要与传统食品比较分析，同时每一种转基因食品需进行单独完整的逐项评价。所以说，获得安全证书的转基因食品是安全的，或者说并没有带来常规食品所没有的特殊风险。

第三，我们已经建立了比较完善的食品安全风险监测体系，能够监测和预警到可能会产生的食品安全风险。

科学原则　　　　　　　比较分析原则　　　　　　　个案分析原则

10. 转基因食品的安全性有无定论？

答： 转基因食品的安全性是有定论的，即凡是通过安全评价、获得安全证书的转基因食品都是安全的，可以放心食用。国际食品法典委员会于1997年成立了生物技术食品政府间特别工作组，认为应对转基因技术实行风险管理，并制定了转基因生物评价的风险分析原则和转基因食品安全评价指南，成为全球公认的食品安全标准和世贸组织裁决国际贸易争端的依据。转基因食品

转基因食品安全性不是隔壁王大妈说了算！

入市前都要通过严格的毒性、致敏性、致畸性等安全评价和审批程序。世界卫生组织以及联合国粮食及农业组织认为：凡是通过安全评价上市的转基因食品与传统食品一样安全，可以放心食用。迄今为止，转基因食品商业化以来，没有发生过一起经过证实的食用安全问题。

11. 转基因食品的安全性评价为什么不做人体试验？

答： 在开展转基因食品安全评价时，没有必要也没有办法进行人体试验。

首先，遵循国际公认的化学物毒理学评价原则，转基因食品安全评价一般选用模式生物小鼠、大鼠进行高剂量、多代数、长期饲喂试验进行评估。以大鼠2年的生命周期来计算，3个月的评估周期相当于其1/8生命周期，2年的评估则相当于其整个生命周期。科学家用动物学的试验来推测人体的试验结果，以大鼠替代人体试验，是国际科学界通行做法。

其次，进行毒理学等安全评价的时候，科学家一般不会用人体来做多年多代的试验。第一，现有毒理学数据和生物信息学的数据足以证明是否存在安全性问题。第二，根据世界公认的伦理原则，科学家不应该也不可能让人连续一二十年吃同一种食品来做试验，甚至延续到他的后代。第三，用人体试验解决不了转基因食品安全性问题。人类的真实生活丰富多彩，食物是多种多样的，如果用人吃转基因食品来评价其安全性，不可能像动物试验那样进行严格的管理和控制，很难排除其他食物成分的干扰作用。

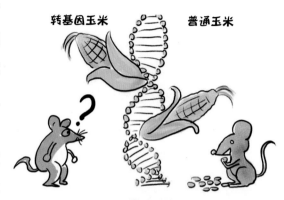

转基因玉米　　普通玉米

毒理学试验

兄弟，幸好转基因食品是安全的，为还健康地活着干杯。

3个月以后

有人在K歌

人们生活多姿多彩，进行单一变量试验是不适合的

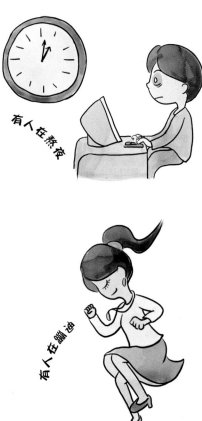

有人在熬夜

有人在跑步

有人在蹦迪

25

第三部分
常识误区

12. 目前市场上销售的彩色玉米、圣女果、彩椒都是转基因品种吗?

答: 不是。彩色玉米、圣女果、彩椒等都是对野生植物进行驯化而产生的品种。这些品种在颜色和大小上的差别源于天然存在的差异遗传基因,是通过多代培育和杂交得到的,不是转基因品种。

我们都是人类长期对野生植物进行培育的结果,我们都是杂交品种。

13. 美国人吃转基因食品吗?

答: 有些人认为,美国消费者不吃转基因大豆。而事实上,美国的转基因作物在大量出口的同时,也被大量在其国内消费。美国共批准了19种转基因作物产业化。2017年,美国转基因作物种植总面积为0.75亿公顷,约占全球转基因作物种植面积的40%。在美国,93.4%的玉米、96%的棉花、94%的大豆和100%的甜菜都是转基因品种。美国市场上的大豆油几乎都是由转基因大豆生产的。有数据显示,2017年美国自用大豆油中的68%供

I am American!
It's delicious!

人食用，剩下的大豆油中，25%作为生物燃料，7%用于工业用途。大豆炼油后剩下的豆粕，97%用来做动物饲料，3%供人食用。许多品牌的色拉油、面包、饼干、薯片、巧克力、番茄酱、奶酪等或多或少都含有转基因成分。可以说，美国是吃转基因食品种类最多、时间最长的国家。

14. 转基因食物会影响下一代的生育能力吗？

是谣言！

答： 不会。这个说法来源于一篇《广西抽检男生一半精液异常，传言早已种植转基因玉米》的帖子。首先，文中所说的迪卡系列玉米是传统常规杂交玉米，不是转基因作物品种。其次，广西抽检男生一半精液异常一说来源于2008年广西医科大学第一附属医院男性学科主任梁季鸿领衔完成的《广西在校大学生性健康调查报告》。但研究者根本没有提出广西大学生精液异常与转基因有关的观点，而是列出了环境污染、食品中大量使用添加剂、长时间上网等不健康的生活习惯等因素。

　　前面的回答也详细解答了DNA在体内是如何催化代谢的。由于转基因生物的DNA几乎不可能进入人体基因组，影响生育能力也变成了无稽之谈。

长期吃烧烤食品　　　　抽烟　　　　长时间上网　　　　失眠、精神压力大

精子活力下降原因分析

15. 虫子都不吃的抗虫转基因水稻，人能吃吗？

答： 可以放心食用。抗虫转基因水稻中的Bt蛋白是一种高度专一的杀虫蛋白，一般只能与鳞翅目害虫肠道上皮细胞的特异性受体结合，引起害虫肠麻痹，造成害虫死亡。鳞翅目害虫的肠道上含有这种蛋白质的结合位点，而人类

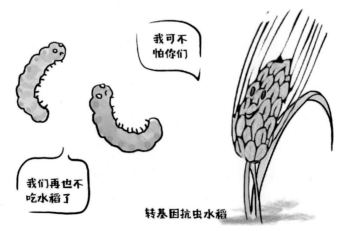

肠道细胞没有该蛋白的结合位点。Bt蛋白进入人体肠道后，会被肠道中的各种蛋白酶分解为人体所需的各类氨基酸，因此不会对人体造成伤害。

而且，人类发现Bt蛋白的来源生物苏云金芽孢杆菌已有100多年时间，Bt制剂作为生物杀虫剂的安全使用记录已有70多年，大规模种植和应用转*Bt*基因玉米、转*Bt*基因棉花等作物已超过15年。至今没有苏云金芽孢杆菌及其蛋白引起过敏反应的报告，也没有与生产含有苏云金芽孢杆菌的产品有关的职业性中毒反应的记录。

16. 种植转基因抗虫作物会产生"超级害虫"吗?

答: 在农业生产中,长期持续应用同一种农药,害虫往往会产生抗药性,导致农药使用效果下降甚至失去作用,产生该农药难以防治的害虫。实际上,可以利用更换农药、更改作物品种、改变栽培制度等方法有效控制这种害虫,不会产生所谓的"超级害虫"。

庇护所策略

转基因棉花　　普通棉花(庇护所)

　　与对农药产生抗性类似，理论上害虫也会对转基因抗虫作物产生抗性。为防止这种现象发生，生产当中已经采用了多种针对性措施：一是庇护所策略，即在转 *Bt* 基因作物周围种植一定量的非转基因作物作为敏感昆虫的庇护所，通过它们与抗性昆虫交配而延缓害虫抗性的发展；二是双基因/多基因策略，研发并推动具有不同作用机制的转多价基因的抗虫植物或其他性状的植物；三是严禁低剂量表达的转 *Bt* 基因植物进入生产领域；四是加强害虫对转 *Bt* 基因植物抗性演化的监测。

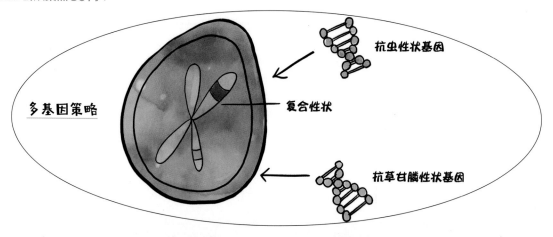

多基因策略

抗虫性状基因

复合性状

抗草甘膦性状基因

抗性演化监测

第四部分
国内外转基因研发产业化

17. 国际上如何验证转基因食品的安全性？

世界卫生组织（WHO）、联合国粮食及农业组织（FAO）等12个国际
权威组织和机构结论：获批上市的所有转基因食品是安全的。

联合国粮食及农业组织（FAO）

世界卫生组织（WHO）

 WFP 世界粮食计划署（WFP）

共识文件——转基因植物与世界农业

法国科学院

美国营养与饮食学会 eat right

英国国家医学院

欧盟委员会（EC）

美国国家科学院（NAS）

毒理学学会（SOT） SOT

UNION 德国科学与人文学院联盟

ICSU
国际科学理事会（ICSU）

答： 转基因食品的安全性受到有关国际组织、各国政府及消费者高度关注。国际食品法典委员会（CAC）于2003年制定了转基因生物食用安全标

准，从营养学评价、新表达物质毒理学评价、致敏性评价等方面对转基因生物进行安全性评估。大多数国家都有专门机构负责转基因食品的食用安全评价，在美国主要是食品和药物管理局（FDA）负责，在欧盟是欧盟食品安全局负责，在中国是农业农村部负责。由于评价原则中有一大原则是个案分析原则，所以每一个转基因品种在商业化之前都需要经历完整的食用安全评价，评价标准比以往任何一种食品的安全评价都要严格。

经过安全评价，获得安全证书的转基因产品是安全的。

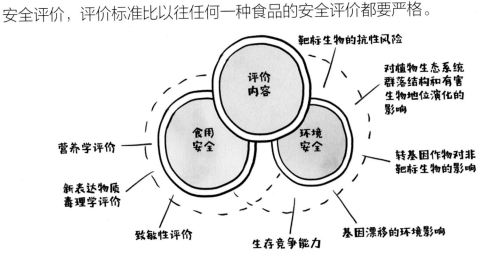

18. 目前国际上批准商业化种植的转基因植物有哪些？

转基因作物

答： 截至2018年9月，全球已有29种植物的转基因产品通过了安全性评估，批准用于商业化种植或食用。这些植物包括棉花、玉米、大豆、油菜、番木瓜、水稻、小麦、马铃薯、番茄、甜菜、玫瑰、矮牵牛、甜椒、烟草、亚麻、苜蓿、香石竹、菊苣、杨树、李子、西葫芦、甜瓜、匍匐剪股颖、苹果、菜豆、茄子、桉树、红花和甘蔗。

19. 全球转基因作物种植情况如何？

答： 截至2017年，全球共种植转基因作物1.898亿公顷。1996—2017年，全球转基因作物种植面积增加了112倍。2017年,种植面积超过100万公顷

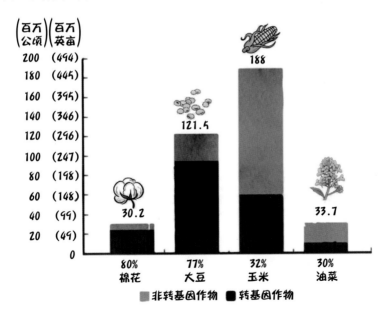

的国家有11个，按照面积从大到小依次是美国、巴西、阿根廷、加拿大、印度、巴拉圭、巴基斯坦、中国、南非、玻利维亚、乌拉圭。

　　全球转基因作物中种植数量最多的4种作物依次是大豆、玉米、棉花和油菜，种植面积约达9 410万公顷、5 970万公顷、2 410万公顷和1 020万公顷，分别占这4种作物种植总面积的77%、32%、80%和30%。

　　随着转基因作物商品化种植的不断推进，复合性状已成为转基因作物发展的一个重要趋势。复合性状转基因作物是指同一作物中含有两种或两种以上的目标性状。如同时拥有耐除草剂和抗虫的转基因棉花，同时抗病和抗虫的转基因马铃薯。

20. 美国的转基因作物发展得怎么样？

　　答： 美国是最早进行大规模商业化种植转基因作物的国家，从1996年开始种植，至今已有20多年。早期商业化的主要是抗虫和抗除草剂性状，之后又将二者结合形成复合性状产品。近几年，美国的大豆、玉米、棉花、油菜、甜菜的转基因普及率持续维持在90%以上。数据显示，1996年，美国种植了约150万公顷转基因作物，包括棉花、大豆和玉米。2017年，美国种植了7 500万公顷转基因作物，包括棉花、大豆、玉米、油菜、甜菜、苜蓿、南瓜、木瓜、苹果、马铃薯等。美国转基因作物种植面积约占全球的40%，一直是转基因作物第一种植大国。

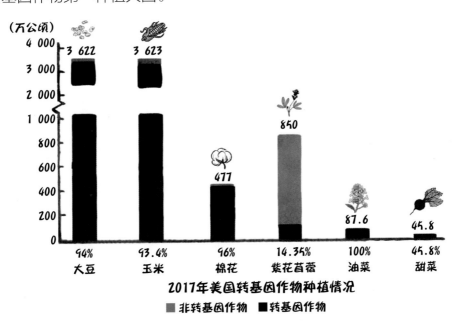

2017年美国转基因作物种植情况

■ 非转基因作物　■ 转基因作物

21. 发达国家转基因食品的占有量 情况是怎样的？

答： 2017年，共有24个国家（包括19个发展中国家和5个发达国家）种植了转基因作物。5个发达国家分别是美国、加拿大、澳大利亚、西班牙和葡萄牙。其中，美国和加拿大的种植面积超过1 000万公顷。美国种植最多的两大转基因作物是转基因大豆和玉米，而加拿大种植最多的转基因作物是油菜。澳大利亚的转基因作物种植面积为90万公顷左右，以转基因油菜和棉花为主。西班牙和葡萄牙是欧盟中两个种植转基因作物的国家，且种植的作物仅转基因玉米一种，种植面积共13.2万公顷。

一些发达国家虽不种植转基因作物，但进口转基因作物。用于食用、饲料和其他工业用途。日本主要进口转基因玉米；26个欧盟国家和韩国进口转基因油菜、玉米、大豆和棉花。挪威、瑞士、俄罗斯和新加坡在2017年没有进口转基因作物。

5个发达国家种植情况 种植面积（万公顷）

美国
7 500

加拿大
1 310

澳大利亚
90

西班牙
10

葡萄牙
<5

**19个发展中国家
种植情况
种植面积（万公顷）**

巴西
5 020

阿根廷
2 360

印度
1 400

巴基斯坦
300

菲律宾
60

缅甸
30

苏丹
20

墨西哥
10

哥伦比亚
10

巴拉圭
300

中国
280

南非
270

玻利维亚
130

乌拉圭
110

越南
<5

智利
<5

洪都拉斯
<5

孟加拉国
<5

哥斯达黎加
<5

22. 转基因技术已经在哪些领域应用?

答: 转基因技术目前广泛应用于医药、工业、农业、环保、能源、军事等领域。转基因技术首先在医药领域得到广泛应用,1982年美国食品药物管理局(FDA)批准利用转基因微生物生产的人胰岛素商业化生产,是世界首例商业化应用的转基因产品。此后,利用转基因技术生产的药物层出不穷,如重组疫苗、抑生长素、干扰素、人生长激素等。转基因技术广泛应用的第二个领域在农业,包括转基因动物、植物及微生物的培育,其中转基因作物发展最快,具有抗虫、抗病、耐除草剂等性状的转基因作物大面积推广,品质改良、养分高效利用、抗旱耐盐碱转基因作物纷纷面世。

转基因技术在工业中的应用也有长久历史,如利用转基因工程菌生产食品用酶制剂、添加剂和洗涤酶制剂等。转基因技术还广泛应用于环境保护和能源领域,如污染物的生物降解以及利用转基因生物发酵燃料酒精等。转基因技术在军事上也有用武之地。目前,美军已开始测试防弹"蜘蛛服",其材料来源是比钢更坚固的转基因丝，是将蜘蛛优良的丝腺基因转入到家蚕中获得的。

第五部分
我国转基因生物安全管理

23. 我国市场上有哪些转基因产品?

答:我国目前市场上的转基因产品大致可以分为两类:

一类是允许在我国境内种植的转基因作物,仅有两种,分别是转基因抗虫棉和转基因抗病毒番木瓜。

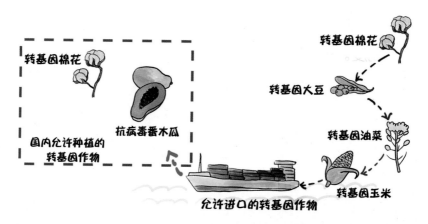

另一类是允许从国外进口,用做加工原料的转基因作物。我国已先后批准了转基因棉花、转基因大豆、转基因玉米、转基因油菜4种作物的进口安全

证书。以大豆为例，直接用于食品制作的包括大豆种子、大豆、大豆粉和大豆油，豆粕主要作为牲畜与家禽的饲料。我国至今没有批准任何一种转基因粮食作物种子进口到中国境内来种植。

24. 我国目前规定对哪些转基因产品进行标识?

答:《农业转基因生物安全管理条例》第八条规定，"国家对农业转基因生物实行标识制度。实施标识管理的农业转基因生物目录，由国务院农业行政主管部门商国务院有关部门制定、调整并公布。"第二十七条规定，"在中华人民共和国境内销售列入农业转基因生物目录的农业转基因生物，应当有明显的标识。列入农业转基因生物目录的农业转基因生物，由生产、分装单位和个人负责标识;未标识的，不得销售。经营单位和个人在进货时，应当对货物和标识进行核对。经营单位和个人拆

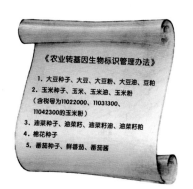

《农业转基因生物标识管理办法》

1. 大豆种子、大豆、大豆粉、大豆油、豆粕
2. 玉米种子、玉米、玉米油、玉米粉
   (含税号为11022000、11031300、11042300的玉米粉)
3. 油菜种子、油菜籽、油菜籽油、油菜籽粕
4. 棉花种子
5. 番茄种子、鲜番茄、番茄酱

开原包装进行销售的，应当重新标识。"《农业转基因生物标识管理办法》确定了实施标识管理的农业转基因生物目录：

　　1.大豆种子、大豆、大豆粉、大豆油、豆粕

　　2.玉米种子、玉米、玉米油、玉米粉（含税号为11022000、11031300、11042300的玉米粉）

　　3.油菜种子、油菜籽、油菜籽油、油菜籽粕

　　4.棉花种子

　　5.番茄种子、鲜番茄、番茄酱

25. 我国为什么要发展转基因技术？

答： 首先，我国人多地少，耕地面积递减的趋势难以逆转，农作物生长环境不断恶化，农业资源短缺，食物浪费严重，粮食不能满足人们的生活需求。其次，随着生活水平提高，消费结构发生变化，人们对优质畜产品、农产品的需求增长迅速，产需缺口逐渐扩大，大豆、玉米等严重依赖进口。而运用

转基因技术可以获得高产、多抗、优质的新品种，可降低农药和肥料使用、人力投入，可改善产品品质，拓展农业功能。推进转基因作物产业化，对于提高粮食单产和质量都有重要作用。推进转基因技术研究落地，是着眼于未来国际竞争和产业分工的重大发展战略，是确保国家粮食安全的必然要求和重要途径。

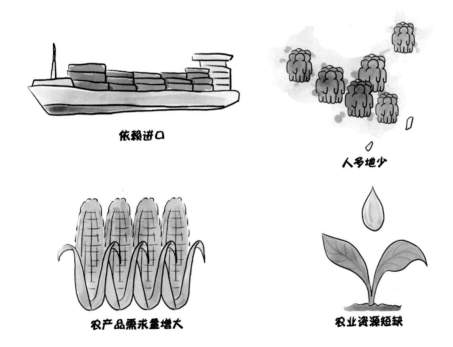

依赖进口

人多地少

农产品需求量增大

农业资源短缺

26. 我国转基因生物研发政策如何?

推动转基因研究与应用是我国既定的战略决策,我国一贯高度重视农业转基因技术发展,近10年的中央1号文件中7次提到转基因研发、监管与科普。2013年12月23日,习近平总书记在中央农村工作会议上指出:"转基因是一项新技术,也是一个新产业,具有广阔发展前景。作为一个新生事物,社会对转基因技术有争议、有疑虑,这是正常的。对这个问题,我强调两点:一是确保安全,二是要自主创新。也就是说,在研究上要大胆,在推广上要慎重。转基因农作物产业化、商

业化推广，要严格按照国家制定的技术规程规范进行，稳打稳扎，确保不出闪失，涉及安全的因素都要考虑到。要大胆创新研究，占领转基因技术制高点，不能把转基因农产品市场都让外国大公司占领了。"

27. 我国转基因生物安全管理有哪些制度？

2001年，国务院颁布实施了《农业转基因生物安全管理条例》（以下简称《条例》）。依据《条例》，有关部门先后制定了5个办法：《农业转基因生物安全评价管理办法》《农业转基因生物进口安全管理办法》《农业转基因生物标识管理办法》《农业转基因生物加工审批办法》《进出境转基因产品检验检疫管理办法》，规范了农业转基因生物安全评价、进口安全管理、标识管理、加工审批、产品进出境检验检疫工作。法规确立了转基因生物安全评价制度、生产许可制度、加工许可制度、经营许可制度、进口管理制度、标识制度等。同时，制定了转基因植物、动物用微生物安全评价指南和转基因作物田间试验安全检查指南等。2017年，对《条例》和5个办法的部分内容作了修订，形成了一整套适合我国国情并与国际接轨的法律法规、技术规程和管理体系。为我国农业转基因生物安全管理提供了法制保障。

图书在版编目(CIP)数据

揭开转基因的面纱：公众聚焦30问 / 徐俊锋，杨蕾主编.
—北京：中国农业出版社，2019.8(2020.4重印)
ISBN 978-7-109-25393-3

Ⅰ.①揭…　Ⅱ.①徐…②杨…　Ⅲ.①转基因技术
-问题解答　Ⅳ.①Q785-44

中国版本图书馆CIP数据核字（2019）第061011号

中国农业出版社出版
(北京市朝阳区麦子店街18号楼)
(邮政编码 100125)
责任编辑　刘　伟　杨晓改
文字编辑　耿韶磊

———————————

中农印务有限公司印刷　　新华书店北京发行所发行
2019年8月第1版　　2020年4月北京第2次印刷

开本：787mm×1092mm　1/24　印张：$2\frac{5}{6}$
字数：40千字
定价：42.00元
(凡本版图书出现印刷、装订错误，请向出版社发行部调换)